BEI GRIN MACHT SICH IHR WISSEN BEZAHLT

- Wir veröffentlichen Ihre Hausarbeit,
  Bachelor- und Masterarbeit

- Ihr eigenes eBook und Buch -
  weltweit in allen wichtigen Shops

- Verdienen Sie an jedem Verkauf

Jetzt bei www.GRIN.com hochladen und kostenlos publizieren

Bibliografische Information der Deutschen Nationalbibliothek:

Die Deutsche Bibliothek verzeichnet diese Publikation in der Deutschen National-bibliografie; detaillierte bibliografische Daten sind im Internet über http://dnb.d-nb.de/ abrufbar.

Impressum:

Copyright © 2010 GRIN Verlag, Open Publishing GmbH
Druck und Bindung: Books on Demand GmbH, Norderstedt Germany
ISBN: 9783640610020

Dieses Buch bei GRIN:

http://www.grin.com/de/e-book/149891/empirische-kapitalmarktforschung

Christina Schröder

Empirische Kapitalmarktforschung

Schätzungen, Schätzfehler, Modellfehler, Schiefe und Kurtosis

GRIN Verlag

GRIN - Your knowledge has value

Der GRIN Verlag publiziert seit 1998 wissenschaftliche Arbeiten von Studenten, Hochschullehrern und anderen Akademikern als eBook und gedrucktes Buch. Die Verlagswebsite www.grin.com ist die ideale Plattform zur Veröffentlichung von Hausarbeiten, Abschlussarbeiten, wissenschaftlichen Aufsätzen, Dissertationen und Fachbüchern.

Besuchen Sie uns im Internet:

http://www.grin.com/

http://www.facebook.com/grincom

http://www.twitter.com/grin_com

Empirische Kapitalmarktforschung

- Schätzungen, Schätzfehler, Modellfehler, Schiefe und Kurtosis -

Fachgebiet:
Empirische Kapitalmarktforschung

Vorgelegt von:
Christina Schröder

Ausgabetermin: 15.12.2009

Inhaltsverzeichnis

Abbildungsverzeichnis

1 Einleitung

Die Kapitalmarktforschung hat in den vergangenen Jahrzehnten stark an Bedeutung gewonnen. Sowohl auf der theoretischen Seite, als auch im Bereich der empirischen Kapitalmarktforschung wurden große Fortschritte gemacht, um Gestaltungsaufgaben im Bereich der Kapitalanlagen oder der Risikostreuung besser ausfüllen zu können. Das Wirtschaftsleben wird davon geprägt wie man sinnvoll Geld anlegen kann, wie sich bei einer Geldanlage die Renditen entwickeln können und wie hoch das Risiko ausfällt. Um diesem Thema näher zu kommen, sind im Bereich der empirischen Kapitalmarktforschung Methoden und Ansätze entwickelt worden, die zur Bewältigung dieser Aufgaben dienen sollen.

Diese Arbeit soll einen Einblick in die empirische Kapitalmarktforschung geben und einige Bereichsfelder darstellen. So werden im zweiten Kapitel zunächst grundlegende Begriffe der Statistik dargestellt, um einen generellen Einblick in das Thema zu finden. Im dritten Kapitel wird dann konkret auf einige Bereiche der empirischen Kapitalmarktforschung eingegangen. Insbesondere stehen hier die Schätzungen, Schätzfehler, Modellfehler, Schiefe und Kurtosis im Fokus der Arbeit, die im weiteren Verlauf dargestellt und erläutert werden. Das Fazit fasst die zentralen Punkte dieser Arbeit zusammen und gibt einen kleinen Ausblick auf zukünftige Entwicklungen im Bereich der empirischen Kapitalmarktforschung.

2 Grundlegende Begriffe der Statistik

2.1 Varianz und Standardabweichung

Sowohl bei der Varianz als auch bei der Standardabweichung handelt es sich um Streuungsparameter. Zunächst soll auf die Varianz eingegangen werden. Die Varianz Var(X), welche auch als σ^2 dargestellt wird, ist das Streuungsmaß für eine Zufallsvariable X von ihrem Erwartungswert E(X). Sie stellt die mittlere quadratische Abweichung von Häufigkeitsverteilungen dar.

Bei einer diskreten Zufallsvariable X gilt dann: [1]

$$Var(X) = \sum_i (x_i - E(x))^2 f(x_i) = \sum_i x_i^2 f(x_i) - (E(X))^2$$

---

[1] Vgl. Bamberg/Baur/Krapp (2007), S. 122.

Dabei bezeichnet eine diskrete Zufallsvariable endliche oder abzählbar unendliche Werte.[2]

Bei einer stetigen Zufallsvariable X gilt:[3]

$$Var(X) = \int_{-\infty}^{+\infty}(x - E[x])^2 f(x)dx = \int_{-\infty}^{+\infty}x^2 f(x)dx - (E[X])^2$$

Eine Zufallsvariable wird dann als stetig bezeichnet wenn bei zwei Werten a<b jeder Zwischenwert in diesem Intervall möglich ist.[4]

Bis auf einige Ausnahmen auf die hier nicht näher eingegangen werden soll, ist die Varianz immer positiv. Zieht man hieraus die Wurzel, so erhält man die Standardabweichung, für welche also gilt: $\sqrt{Var(X)}$. Entsprechend der Darstellung der Varianz (σ^2) wird die Standardabweichung mit dem Symbol σ dargestellt.[5]

2.2 Kovarianz

Bei der Kovarianz handelt es sich um eine Maßzahl für zwei Zufallsvariablen X und Y. Es handelt sich hierbei um den Erwartungswert der beiden genannten Zufallsvariablen $[X - E(X)]$; $[Y - E(Y)]$ die wie folgt definiert werden:

$$Cov(X,Y) = E[(X - E(X))(Y - E(Y))]$$

Beide Variablen sind das Produkt von Zufallsvariablen und sind um Null zentriert. Weisen X und Y einen linearen Zusammenhang auf ist das Produkt positiv, tun sie es nicht, ist das Produkt negativ.

Auch hier wird zwischen stetigen und diskreten Zufallsvariablen unterschieden. Für die diskreten Zufallsvariablen gilt:

$$Cov(X,Y) = \sum_i \sum_j f(x_i y_j)(x_i - E(X))(y_j - E(y))$$

Für die stetigen Zufallsvariablen gilt:

$$Cov(X,Y) = \int_{-\infty}^{\infty} \int_{-\infty}^{\infty} f(x,y)(x - E(X))(y - E(Y))dxdy$$

[2] Vgl. Fahrmeier/Künstler/Pigeot/Tutz (2009), S. 227.
[3] Vgl. Bamberg/Baur/Krapp (2007), S. 122.
[4] Vgl. Fahrmeier/Künstler/Pigeot/Tutz (2009), S. 269.
[5] Vgl. Bamberg/Baur/Krapp (2007), S. 122.

2.3 Erwartungswert

Der Erwartungswert E(X) ist ebenfalls eine Maßzahl für das Zentrum einer bestimmten Verteilung. Der Erwartungswert einer diskreten Zufallsvariable mit den Werten $x_1,...,x_k,...$ sowie der Wahrscheinlichkeit $p_1,...,p_k,...$, wird wie folgt definiert:

$$E(X) = x_1 p_1 + ... + x_k p_k + ... = \sum_{i \geq 1} x_i p_i$$

Für den Erwartungswert wird oftmals die Schreibweise „μ" verwendet. Der Erwartungswert ist von dem ähnlich zu berechnenden arithmetischen Mittel zu separieren. Das arithmetische Mittel definiert die Lage von Daten, der Erwartungswert hingegen die Lage der Verteilungen. Kurz formuliert ist der Erwartungswert also ein Wert mit den Wahrscheinlichkeiten p_i gewichtetes Mittel, der von X möglichen Werte x_i.[6]

Der Erwartungswert bei diskreten Zufallsvariablen wird wie folgt definiert:

$$E(X) = \int_{-\infty}^{+\infty} xf(X)dx$$

Die Eigenschaften des Erwartungswertes bei diskreten Zufallsvariablen lassen sich auf die mit stetigen Zufallsvariablen übertragen.[7]

3 Bereichsfelder der empirischen Kapitalmarktforschung

3.1 Schätzungen

3.1.1 Das Urnenmodell

Für die Schätzung der Renditen soll im Folgenden das Urnenmodell vorgestellt werden, da dieses nach vorherrschender Meinung die größte Realitätsnähe hat.

Das Urnenmodell ist ein Instrument der Statistik und veranschaulicht anhand von Kugeln, (2 verschiedene Farben) die aus einer Urne gezogen werden, diskrete Wahrscheinlichkeitsfunktionen.[8]

---

[6] Vgl. Fahrmeier/Künstler/Pigeot/Tutz (2009), S. 242.
[7] Vgl. Fahrmeier/Künstler/Pigeot/Tutz (2009), S. 283.
[8] Vgl. Stiefl (2006), S. 81.

Im Bezug auf die Rendite weist das Urnenmodell folgende Eigenschaften auf: Die Wahrscheinlichkeitsverteilung der Renditen ist immer die gleiche, da davon ausgegangen werden kann, dass die Urne, aus der die Renditen „gezogen" werden, immer die gleiche ist. Diese Eigenschaft wird als Stationarität bezeichnet. Die Parameter der Wahrscheinlichkeitsverteilung sind somit ebenfalls konstant. Eine weitere Eigenschaft des Urnenmodells besteht in der Unabhängigkeit der Perioden voneinander. Bei hohen Renditen in einer Periode kann nicht davon ausgegangen werden, dass diese hohen Renditen wieder erreicht werden können. Dies hängt unter anderem damit zusammen, dass alle Informationen an den Finanzmärkten unverzüglich verarbeiten werden. Die Preisbildung findet umgehend statt. Die dritte Eigenschaft des Urnenmodells bezogen auf die Renditen ist die Normalverteilung der (diskreten) Renditen. Dies gilt aber nur dann, wenn ein Zeitraum von ungefähr einem Jahr betrachtet wird.

Daher lässt sich das Urnenmodell in Kurzform wie folgt beschreiben:

$$R \sim iidN$$

Das R bezeichnet dieselbe Wahrscheinlichkeitsverteilung. Das i beschreibt die Unabhängigkeit voneinander. Das id bedeutet identically distributed und beschreibt also die identische Verteilung der Renditen in den einzelnen Perioden. Das N steht für die Normalverteilung.[9]

3.1.2 Daten

Für die Schätzung einer zukünftigen Rendite müssen nun die Verteilungsparameter bestimmt werden. Da es sich um zukünftige Größen handelt, gelten diese natürlich als unsicher. Makrowitz, der grundlegende Arbeiten über die Portfoliotheorie verfasst hat, gibt als Verteilungsparameter den Erwartungswert der zukünftigen Rendite, sowie die Streuung, also die Standardabweichung an. Betrachtet man die Diversifikation von Renditen, also verschiedene Anlagen, spielt ebenfalls die Korrelation der Rendite eine Rolle.

Um diese Daten nun erheben zu können, greift man auf historische Daten zurück. Aus diesem Datenmaterial werden die Verteilungsparameter ge-

---

[9] Vgl. Spremann (2006), S.76ff.

schätzt.[10] Die historischen Daten können hier als eine Stichprobe gesehen werden. Da die Daten auch tatsächlich eine Zufallsstichprobe widerspiegeln müssen, dürfen die Daten keineswegs verzerrt werden. Eine Verzerrung der Daten könnte sich aus folgenden Problemen ergeben:

➢ Es werden nur Daten verwendet, die einfach zu beschaffen sind
➢ Es werden nur Daten von den Märkten verwendet, die heute noch existieren. Nicht mehr existierende Märkte werden nicht berücksichtig
➢ Es werden Informationen verwandt, die erst später bekannt wurden
➢ Es werden nur Daten von großen, internationalen Firmen verwandt, nicht aber die Daten von Unternehmen, die sich nicht in einem gewissen Index befinden.

Um tatsächlich unverzerrte Informationen zu erhalten, muss sorgfältig gearbeitet werden, sodass diese Daten auch tatsächlich als Zufallsstichprobe angesehen werden können.[11]

3.1.3 Schätzung des Erwartungswertes

Unter der Voraussetzung, dass bei den Daten keinerlei Verzerrung stattgefunden hat und somit die historischen Daten als Zufallsstichprobe angesehen werden können, kann nun der Erwartungswert der zukünftigen Rendite geschätzt werden. Wie bereits in Kapitel 3.1.1 dargestellt, gehen wir von einer normalverteilten unabhängigen Ziehung aus. Das bedeutet für die Schätzung des Erwartungswertes eine relativ einfache Vorgehensweise. Es werden hierfür sogenannte Standardschätzer verwendet, also eine standardisierte Schätzfunktion. Diese müssen verschiedene Eigenschaften aufweisen:[12]

➢ Ein guter Schätzer zeichnet sich dadurch aus, dass er dem tatsächlichen Wert möglichst nahe kommt. Die Differenz zwischen der Schätzung und dem tatsächlichen Wert bezeichnet man als Schätzfehler. Ziel ist es, dass der Schätzfehler verschwindet. Eine Schätzfunktion ohne Schätzfehler wird als „erwartungstreu" oder „unverzerrt" bezeichnet.
➢ Aufgrund der Schwierigkeit einer erwartungstreuen Schätzfunktion, ist eine zweite Eigenschaft dieser Funktion die Konsistenz. Sie stellt minimale Anforderungen an eine Schätzfunktion. Die Konsistenz besteht

---

[10] Vgl. Spremann(2002). S. 51
[11] Vgl. Spremann (2006), S. 120f.
[12] Vgl. Spremann (2006), S. 121.

dann, wenn mit einem größer werdenden Stichprobenumfang die Wahrscheinlichkeit größer wird, dass die Schätzung mit dem tatsächlichen Wert übereinstimmt.[13]

➤ Der Schätzer sollte weder zu weit nach links noch nach rechts liegen, also eine minimale Varianz aufweisen.

Für die Schätzung des Erwartungswertes hat sich der arithmetische Mittelwert als guter Schätzer heraus kristallisiert. Die arithmetische Durchschnittsrendite $\bar{r}$ stellt sich wie folgt dar.

$$\bar{r} = \frac{1}{T} \cdot (r_1 + r_2 + ... + r_T)$$

Wird dieser Schätzung eine weitere Realisation zugefügt ergibt sich folgende Gleichung:

$$\bar{r}(T+1) = \frac{1}{T+1} \cdot (r_1 + r_2 + ... + r_T + r_{T+1}) = \frac{1}{T+1} \cdot (T \cdot \bar{r}(T) + r_{T+1}$$

Daraus ergibt sich, dass alle Ereignisse an den Kapitalmärkten gleich gewertet werden. Ein kürzer zurückliegendes Ereignis wird ebenso gewichtet wie ein schon länger zurückliegendes Ereignis.[14]

3.1.4 Schätzung von Varianz und Kovarianz

Um die Varianz erwartungstreu schätzen zu können, soll nun sowohl die Formel für die Schätzung mit unbekanntem als auch mit bekanntem Erwartungswert dargestellt werden .Im Regelfall ist der Erwartungswert unbekannt.[15]

Mit der Stichprobe der historischen Daten kann nun die Stichprobenvarianz mit unbekanntem Erwartungswert wie folgt ermittelt werden:

$$s^2 = \frac{1}{T-1} \cdot \sum_{t=1}^{T} (r_t - \bar{r})^2$$

Da davon ausgegangen wird, dass die Tagesrenditen unabhängig voneinander sind, kann die Varianz des Zeitraums T, als Summe der Varianzen der Tagesrenditen berechnet werden. Aufgrund der Annahme, dass die Varianz einzelner Tagesrenditen identisch ist, kann geschlussfolgert wer-

---

[13] Vgl. Assenbacher (2002), S. 73ff.
[14] Vgl. Spremann (2006), S. 122f.
[15] Vgl. Spremann (2006), S. 123

den, dass die einzelnen Varianzen der Tagesrenditen, das T-fache der Varianz der Tagesrenditen des Wertpapiers ist. Daraus folgt: [16]

$$Var(\tilde{r}) = T \cdot s^2 \, bzw. Std(\tilde{r}) = \sqrt{T \cdot s^2}$$

Ein erwartungstreuer Schätzer bei bekanntem Erwartungswert liefert folgende Formel.

$$s^2 = \frac{1}{T} \cdot \sum_{t=1}^{T} (r_t - \mu)^2$$

Kommen wir nun zur Schätzung der Kovarianz der Renditen R_A und R_B. Die Berechnung erfolgt ähnlich der Berechnung der Varianz mit dem Unterschied, dass anstelle der Summe der Quadrate die Summe der Produkte der historischen Renditen von ihrem Mittelwert im Zähler steht. Die Berechnung erfolgt wie im Weiteren dargestellt. Der Koeffizient der Korrelation wird ebenfalls mit einbezogen. [17]

$$\hat{p} = \frac{\sum_{t=1}^{T} (r_{A,t} - \bar{r}_A) \cdot (r_{B,t} - \bar{r}_B)}{\sqrt{\sum_{t=1}^{T} (r_{A,t} - \bar{r}_A)^2} \cdot \sqrt{\sum_{t=1}^{T} (r_{B,t} - \bar{r}_B)^2}}$$

3.2 Schätzfehler

3.2.1 Konfidenzintervalle

Im folgendem soll auf die Konfidenzintervalle des Erwartungswertes und der Standardabweichung eingegangen werden. Zunächst soll der Erwartungswert betrachtet werden. Aufgrund der Stichproben aus den historischen Zeitreihen kann es zu Schätzfehlern kommen. Zieht man aus historischen Renditen erneut eine andere Stichprobe, werden mit sehr großer Wahrscheinlichkeit andere Werte gezogen. Die entstehenden Schätzfehler werden durch Konfidenzintervalle ausgedrückt. Die Konfidenzwahrscheinlichkeit wird mit 1 - α ausgedrückt. Eine Konfidenzwahrscheinlichkeit von 1-95% entspricht also einer Irrtumswahrscheinlichkeit von 5%. Mit der Wahrscheinlichkeit von 95% liegt die Stichprobe innerhalb dieses Intervalls.

Die Berechnung des Konfidenzintervalls für den Erwartungswert μ der zufälligen Rendite $\tilde{r}$ wird wie folgt berechnet: Es wird aus einer Stichprobe vom Umfang T gezogen, woraus ein Stichprobenmittel $\bar{r}$ ermittelt wird. Da

---

[16] Vgl. Henne (2003), S. 54f.
[17] Vgl. Spremann (2006), S. 124.

das Stichprobenmittel ein erwartungstreuer Schätzer ist, stimmt dies mit dem wahren Erwartungswert $E[\tilde{r}] = \mu$ überein. Die Varianz des Stichprobenmittels ist 1/T mal so groß wie die Varianz σ^2. Die Standardabweichung von $\tilde{r}$, welche ebenfalls normalverteilt ist, beträgt somit:

$$SD(\tilde{r}) = \sqrt{\frac{1}{T}} \cdot \sigma$$

Es ist davon auszugehen, dass $\tilde{r}$ mit einer Wahrscheinlichkeit von $N(1)-N(-1) = 0{,}6827 \approx 2/3$ nicht mehr als um seine Streuung von μ entfernt ist.

$$PR\left\{ \tilde{r} - \frac{\sigma}{\sqrt{T}} \le \mu \le \tilde{r} + \frac{\sigma}{\sqrt{T}} \right\} = 0{,}6827$$

Die Irrtumswahrscheinlichkeit liegt also bei $\alpha = 32\%$. Überträgt man nun diese Formel auf andere Konfidenzniveaus, stellt sich folgendes heraus: Mit einer Wahrscheinlichkeit von $1-\alpha = N(+k) - N(-k)$ liegt die normalverteilte Zufallsgröße im k-fachen Sigma-Band um μ.

$$\begin{cases} \alpha = 2 - 2 \cdot N(k) \\ k = N^{-1}(1 - \alpha/2) \end{cases}$$

Bei $1-\alpha = 95\%$ liegt die normalverteilte Zufallsgröße im Intervall, welches um das k=1,96 fache der Standardabweichung von μ nach links und rechts liegt. Daraus lässt sich berechnen, dass das Stichprobenmittel $\tilde{r}$ die Standardabweichung 0,0231 hat (mit $\tilde{r} = 10{,}14\%; \sigma = 0{,}207$ und $T = 80$). Berechnet man das Konfidenzintervall des Erwartungswertes multipliziert man diesen Wert nun mit 1,96, also der 1,96fachen Breite des 95%igen Konfidenzintervall. Das Ergebnis lautet 4,53%. Also:

$$\begin{cases} von\,\tilde{r} - 4{,}53\% = 5{,}61\% \\ bis\,\tilde{r} + 4{,}53\% = 14{,}67\% \end{cases}$$

Es kann also festgestellt werden, dass bei Renditen der letzten 80 Jahre darauf vertraut werden kann, dass mit 95%iger Wahrscheinlichkeit der Erwartungswert zwischen 5,61% und 14,67% liegt, was wiederum als ein eher negatives Ergebnis zu werten ist[18]

Im folgendem soll nun das Konfidenzintervall der Standardabweichung geschätzt werden. Wie bereits dargestellt, ist die Verteilung des Schätzers bekannt. Die Stichprobenvarianz entspricht der Chi-Quadrat-Verteilung

---

[18] Vgl. Spremann (2006), S. 131ff.

X^2, da sie eine Summe von Quadraten der zufälligen Stichprobenwerte

ist. Also gilt: $\left[\dfrac{(T-1)\cdot s^2}{l}; \dfrac{(T-1)\cdot s^2}{k}\right]$, bei

> s^2 = Stichprobenvarianz

> $l = X^2(1 - \alpha/2; T-1)$; der Freiheitsgrad der Chi Verteilung mit N-1 an

  der Stelle $1 - \alpha/2$

> $k = X^2(\alpha/2; T-1)$ an der Stelle $\alpha/2$

Daraus folgt, dass das abgeleitete Intervall für die Standardabweichung von $\sqrt{0,0326} = 18\%$ bis $\sqrt{0,0626} = 25\%$ reicht. Das Intervall ist folglich kleiner als beim Erwartungswert und entsprechend genauer.[19]

3.2.2 Stichprobengröße

Es stellt sich nun die Frage, ob insbesondere beim Erwartungswert eine Vergrößerung des Stichprobenumfangs auf Monats- oder Wochendaten zu einem engeren Konfidenzintervall führen würde. Dies ist nicht der Fall. Wird der Stichprobenumfang beispielsweise von 80 Jahresrenditen auf 960 Monatsrenditen vergrößert, verkleinert sich das Konfidenzintervall. Dies resultiert zum einen daraus, dass die Wurzel aus 1/T um den Faktor 12 verkleinert wird, wenn Monatsrenditen betrachtet werden. Außerdem haben Monatsrenditen eine kleinere Streuung als Jahresrenditen. Es kann demnach geschlussfolgert werden, dass eine Vergrößerung des Stichprobenumfangs bei der Schätzung des Erwartungswertes keinerlei positive Veränderung hervorruft.[20]

Bei der Schätzung der Standardabweichung stellt sich die Situation anders dar. Wird der Stichprobenumfang von Jahresrenditen auf Monats-, Wochen- oder Tagesrenditen vergrößert, so lässt sich auch die Standardabweichung genauer schätzen. Dies resultiert daraus, dass die minütlichen Schwankungen der Kurse ein getreues Abbild der Renditeschwankungen

---

[19] Vgl. Spremann (2006), S. 135f.
[20] Vgl. Spremann (2006), S. 134.

darstellen. Die Schwankungseigenschaften des Prozesses der Jahresrenditen, führen so zu einer besseren Schätzung.[21]

3.3 Modellfehler

3.3.1 Realitätsnähe von Rendite-Modellen

Aufgrund der Schätzung des Erwartungswertes und der Standardabweichung kann es zu Fehlern kommen, was die Aussage über zukünftige Renditen betrifft. Diese Fehler werden als Modellfehler bezeichnet. Ein Modellfehler entsteht dann, wenn die physikalischen oder geometrischen Beziehungen zwischen den zu schätzenden Zufallsvariablen und den Messgrößen fehlerhaft sind.[22] Hier können sowohl Fehler im Bereich der Schätzung der Rendite als auch des Erwartungswertes auftreten, da diese auf Basis von historischen Daten geschätzt wurden. Da es sich bei der zukünftigen Rendite um eine Zufallsvariable handelt, sind also Modellfehler möglich.

Das Urnenmodell, welches in dieser Arbeit betrachtet wird, geht von drei verschiedenen Modellvorstellungen aus: Zum einen sind alle Renditen voneinander unabhängig. Die Verteilung der Renditen soll überall gleich sein (Stationarität). Die dritte Modellvorstellung lautet, dass es sich bei dieser Verteilung um eine Normalverteilung handelt.

Es besteht nun die Möglichkeit, dass diese Modellvorstellungen nicht realitätsnah genug sind. Daher können folgende Maßnahmen ergriffen werden um diese Problematik zu prüfen: Zum einen muss kontrolliert werden, ob die Renditen tatsächlich alle voneinander unabhängig sind. Weiterhin sollte eine Überprüfung im Bereich der Stationarität stattfinden. Es stellt sich hier also die Frage, ob tatsächlich davon ausgegangen werden kann, dass alle „Ziehungen" der Rendite aus derselben Urne erfolgen. Als Drittes sollte geprüft werden, ob tatsächlich von einer Normalverteilung der Renditen ausgegangen werden kann.[23]

---

[21] Vgl. Spremann (2006), S. 136f.
[22] Vgl. Niemeier (2001), S. 10.
[23] Vgl. Spremann (2006), S. 140ff.

3.3.2 Normalverteilung

Es soll nun im Folgenden geklärt werden, ob die Normalverteilung als realitätsnah angesehen werden kann. Wenn die Renditen für ein Jahr betrachtet werden, kann durchaus davon ausgegangen werden, dass die Normalverteilung als realitätsnah angesehen werden kann. Dieses gründet sich auf zwei Beobachtungen. Zum Einen zeigt sich bei einem längeren Betrachtungsraum eine Rechtsschiefe (vgl. Kapitel 3.4). Die Verteilung der diskreten Renditen ist also nicht mehr symmetrisch. Diese Rechtsschiefe wird umso deutlicher je länger ein Zeitraum betrachtet wird. Die Realitätsnähe kann also nur als gegeben betrachtet werden, wenn ein Zeitraum von einem Jahr betrachtet wird.

Zum anderen zeigt sich, dass bei einer Beobachtung von kürzeren Zeiträumen wie z.B. einem Monat oder einer Woche, die Verteilungen spitzer sind als eine Normalverteilung (vgl. hierzu Kapitel 3.5). Dieses resultiert aus so genannten Sprungprozessen. Bei einer Rendite kommt es manchmal vor, dass einige Tage gar nichts geschieht, an anderen Tagen hingegen kommt es zu großen Kurssprüngen aufgrund von bestimmten Ereignissen.

Schlussfolgernd lässt sich sagen, dass die Normalverteilung als Realitätsnah angesehen werden kann, jedoch nur bei einer Periode von einem Jahr. Bei kürzeren oder längeren Perioden zeigt sich das Bild verzerrt.[24]

3.4 Schiefe

Ist eine Rendite asymmetrisch verteilt kann es sich dabei um eine Schiefe oder einer Kurtosis handeln. Im Folgenden soll nun erst auf die Schiefe eingegangen werden. Die Schiefe bezeichnet den dritten Moment, oder die dritte Potenz einer Verteilung. Befinden sich im positiven Bereich größerer Werte, wird von einer Rechtsschiefe gesprochen. Befinden sich die Werte im negativen Bereich, handelt es sich um eine Linksschiefe. Bei einer Normalverteilung handelt es sich um eine Schiefe von Null.[25] Die Berechnung der Schiefe erfolgt wie folgt:

---

[24] Vgl. Spremann (2006), S. 141.
[25] Vgl. Nolte (2009), S. 53f.

$$SKEW[\tilde{r}] = E\left[\frac{(\tilde{r} - \mu)^3}{\sigma^3}\right]$$

Wie bereits im vorherigen Kapitel dargestellt, entsteht eine Rechtsschiefe bei einer Betrachtung eines längeren Zeitraums von einem Jahr.[26]

Im Folgenden wird eine Rechtsschiefe als auch eine Linksschiefe dargestellt:

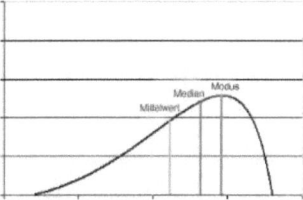
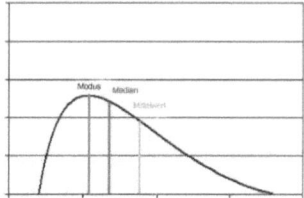

Abbildung 1: Rechtschiefe Verteilung
Quelle: www.univec.ac.at

Abbildung 2:Linksschiefe Verteilung
Quelle: www.univec.ac.at

3.5 Kurtosis

Nachfolgend soll nun auf die Kurtosis, die Wölbung, eingegangen werden. Die Kurtosis beschreibt den vierten Verteilungsmoment. Bei einer Normalverteilung hat die Kurtosis einen Wert von drei. Liegt ein Wert von über drei vor, ist die Wahrscheinlichkeit von höheren Renditen größer als bei der Normalverteilung. Dieser Kurvenverlauf wird als Leptokurtosis bezeichnet. Die Werte um den Erwartungswert herum treten mit höherer Wahrscheinlichkeit auf.[27] Leptokurtosisch sind vor allem Renditen für Aktien deren Zeitraum sehr begrenzt ist, wie z.B. einem Monat, eine Woche oder ein Tag. Renditen reagieren sehr stark auf Nachrichten, die zu starken Kurssprüngen führen. Betrachtet man die Rendite für ein ganzes Jahr, so treten diese enormen Kurssprünge nicht auf, da sie sich im Laufe des Jahres glätten und sich wie eine Normalverteilung darstellen.[28]

Definiert wird die Kurtosis wie folgt:

$$KURT[\tilde{r}] = E\left[\frac{(\tilde{r} - \mu)^4}{\sigma^4}\right]$$

Eine beispielhafte Darstellung einer Leptokurtosis zeigt folgende Abbildung:

---

[26] Vgl. Spremann (2006), S. 141f.
[27] Vgl. Nolte (2009), S. 55.
[28] Vgl. Spremann (2006), S. 143.

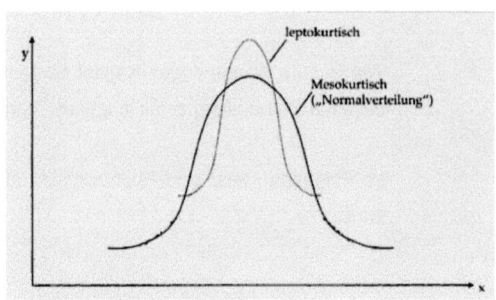

Abbildung 3: Leptokurtosis
Quelle: In Anlehnung an Cleff (2008),S. 65.

4 Fazit

Die empirische Kapitalmarktforschung hat in den letzten Jahren stark an Bedeutung gewonnen. Auf Basis des Urnenmodells, welches in dieser Arbeit zunächst vorgestellt wurde, können einige Aussagen über Renditen und Risiko einer Anlage getroffen werden. Viele Daten, wie der Erwartungswert oder die Standardabweichung und die Varianz können mehr oder weniger gut geschätzt werden. Bei diesen Schätzungen können jedoch sowohl Schätzfehler auftreten als auch Modellfehler. Diese Arbeit zeigt auf, dass es nicht möglich ist diese Schätzfehler zu vermeiden. Auch Modellfehler können auftreten, welche aus einer realitätsfernen Modellvorstellung resultieren. Kapitel 3.2 zeigt deutlich auf, wie schwierig es ist, den Erwartungswert einer Rendite möglichst genau zu schätzen. Auch wenn sich die Schätzung der Varianz schon einfacher darstellt, kann letztlich niemals eine genaue Schätzung von Renditeverläufen aufgrund der genannten Probleme erfolgen. Auch Kapitel 3.3 zeigt, dass die Modellvorstellung des Urnenmodells, dass es sich um normalverteilte Renditen handelt, die unabhängig von einander sind, nur dann als realitätsnah bezeichnen lässt, wenn ein Anlagezeitraum von etwa einem Jahr betrachtet wird.

Dennoch sind durch den Fortschritt in der empirischen Kapitalmarktforschung Möglichkeiten geschaffen worden, zumindest annähernd Renditeverläufe zu bestimmen. Dadurch wird es Anlegern leichter gemacht, entsprechende Entscheidungen für oder gegen eine Anlage am Kapitalmarkt zutätigen.

Literaturverzeichnis

Assenbacher, W. (2002): Einführung in die Ökonometrie, 6., vollständige
überarbeitete und erweiterte Auflage, München 2002

Bamberg, G. / Baur, F. / Krapp, M. (2007): Statistik, 13., überarbeitete Auflage, München 2007

Cleff, T. (2008): Deskriptive Statistik und moderne Datenanalyse – Eine
computergestützte Einführung mit Excel, SPSS und STATA -,
Wiesbaden 2008

Fahrmeier, L. / Künstler, R. / Pigeot, I. / Tutz, G. (2009): Statistik – Der Weg
zur Datenanalyse, 7., neu bearbeitete Auflage, Heidelberg 2009

Henne, A. (2003): Risikomessung in: Reichling, P. (Hrsg.): Rating und Risi
komanagement – Grundlagen, Konzepte, Fallstudien, Wiesbaden
2003

Niemeier, W. (2002): Ausgleichsrechnung, Berlin 2002

Nolte, D. (2009): Hedge-Fonds im Portfolio von Privatinvestoren – Konse-
quenzen für die Anlagenberatung, Köln 2009

Spremann, K. (2006): Portfoliomanagement, 3., überarbeitete und ergänzte
Auflage, München 2006

Spremann, K. (2002): Aktives versus passives Portfoliomanagement in:
Hehn, E. (Hrsg.): Asset Management in Kapitalanlage- und Versi-
cherungsgesellschaften – Altersvorsorge, Nachhaltige Investments,
Ratings, Wiesbaden 2002

Stiefl, J. (2006): Wirtschaftsstatistik, München 2006

Internetquellen

http://www.univie.ac.at/ksa/elearning/cp/quantitative/images/quantitative-58_1.jpg

http://www.univie.ac.at/ksa/elearning/cp/quantitative/images/quantitative-58_2.jpg